地球篇

哇，科学有故事！

环境的故事

[韩]李韩音/文　[韩]郑荷真/绘　千太阳/译

人民东方出版传媒
People's Oriental Publishing & Media
東方出版社
The Oriental Press

生物和环境究竟
有什么关联呢？

林德曼

杀虫剂真的
安全吗?

卡森

如果臭氧层漏了,
会怎么样?

克鲁岑

目录

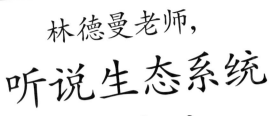

林德曼老师，
听说生态系统
是活着的？

即使把汽车的所有零件堆到一起，它也不可能变成一辆汽车。生态系统也是如此。我发现生态系统是由各种生物和环境构成的，而且它们会交换彼此需要的东西，从而维持不断循环的过程，仿佛活着的生物一样。

虽然很久以前人们就隐隐察觉到环境的重要性，但是他们为了狩猎而不惜放火烧山，从未认真考虑过自己的行为会带来的后果。

"过一段时间就能恢复成原来的样子，大自然原本就是如此。"

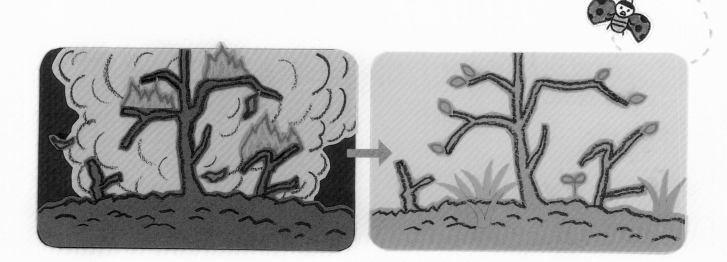

20 世纪 80 年代，随着航海技术的发展，人们得以接触到更广阔的世界，渐渐地发现不同的区域生活着不同的动物。例如，在东南亚生活着以那个地区生长的植物为食的猩猩，在澳大利亚生活着只能在那里生存的鸭嘴兽。"原来有一些动物离不开自己的生存环境。"

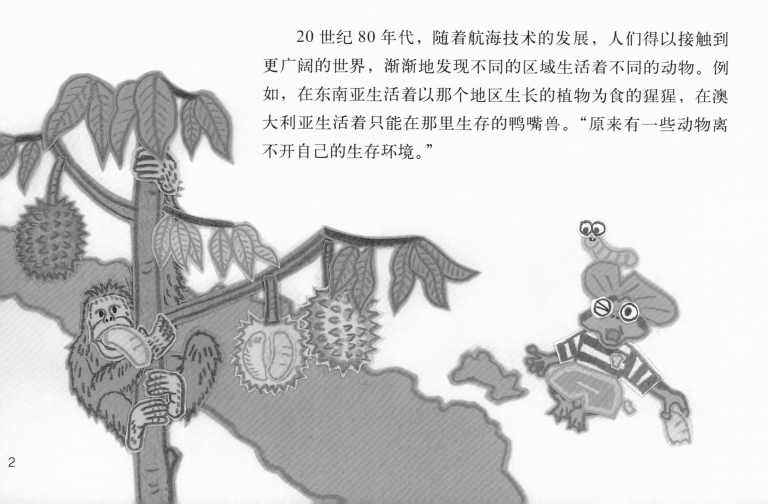

德国动物学家赫克尔提出，环境和生物之间是一种密不可分的关系。1866 年，他把研究生物与环境的科学称为"生态学"。然而，当时人们对生态学并不感兴趣。或者说，他们真正感兴趣的只有发展工业和增加农业用地。渐渐地，空气遭到污染，森林也被破坏得面目全非。

我们必须同时研究生物和它们赖以生存的环境。

面对这样的变化，开始关注环境的人渐渐多了起来。可是想要更好地保护环境，得对环境有深刻的了解才行。被破坏的森林到底会对环境和生物产生什么样的影响呢？

1935 年，一直在思考这一问题的英国生态学家斯坦利说出了这么一段话："生态学也得有可研究的基本单位。我们不如就将这个基本单位命名为生态系统吧。嗯，也就是说，在某个区域里生活的所有生物和环境加起来就是生态系统。"

　　但是生态系统有什么作用呢？

　　生物和环境之间又会发生什么样的事情呢？

　　生态学家们各执一词，争论不休。

然而，美国生态学家林德曼却有着不同的想法："光思考并不能解决问题，我应该亲自展开调查。"

林德曼决定前往赛达伯格湖，看看那里的生物之间都会发生什么样的事情。

在当时，研究湖泊的生态学家们所关注的大都是生活在湖泊中的生物种类。林德曼却独辟蹊径，转而研究起了整个湖泊。

"既然湖泊是一个完整的生态系统，那么，这个生态系统又是如何运转的呢？"

有一天，林德曼和往常一样，对湖泊进行观察。

当时，阳光照得湖面一片银亮。

"日光很充足，看来藻类又要大量繁殖了。"

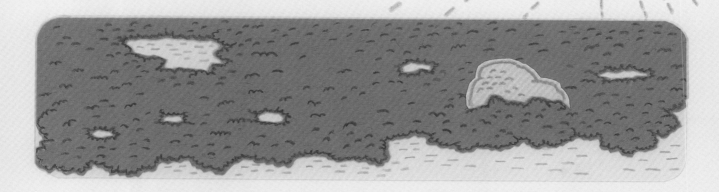

"藻类变多，那么以藻类为食的浮游生物也会增多。"

他还看到龙虱正在捕食蚊子的幼虫——孑孓 (jié jué) 的身影。

"如果以浮游生物为食的孑孓大量繁殖，那么龙虱的数量也会跟着暴增。"

林德曼的脑海中不由得浮现出一个吃与被吃的食物链。

"藻类被浮游生物吃掉，而浮游生物则会成为孑孓的食物。之后，孑孓又会被龙虱吃掉。"

这时，林德曼突然想到了另一个问题："等等！在它们依次捕食的过程中，是不是在传递什么东西？"

藻类

浮游生物

龙虱

孑孓

唉？这莫非就是湖泊中的食物链？

林德曼重新整理了一下自己的思路："藻类依靠光合作用制造养分，从而进行繁殖和生长。这说明藻类的能量全都来自阳光。"

他的脑海中再次浮现出一个画面。

"浮游生物吃掉藻类，就等于吃掉了通过光合作用制造出来的养分。也就是说，阳光的能量会不断顺着食物链进行传递。"

为了确定自己的猜测是否正确，林德曼对湖泊进行了长达五年的调查和研究。他采集湖泊中的生物，再根据采集到的生物的种类和重量，计算出能量的产量和能量在食物链中的传递量。当确认了能量会通过食物链传递的事实后，林德曼觉得湖泊的生态系统仿佛更加活跃了。

　　1942 年，林德曼将自己研究的内容以论文的形式进行了发表。当时，还没有哪位科学家通过实验研究生态系统。

　　林德曼的研究成果，首次向人们展示了湖泊环境和在其中生存的生物之间，相互利用、相互影响的复杂关系。

生态系统

生态系统是指在一定的地域内，环境和生物构成的统一整体。它们在共同的空间内相互作用，发生物质交换。根据获取养分的方式，生态系统中的生物可分为生产者、消费者、分解者三类。生物想要生存，就必须借助阳光、空气、水等非生物的帮助。

生态系统的构成因素

生态系统由环境和生物构成，两者会相互影响。

生态系统

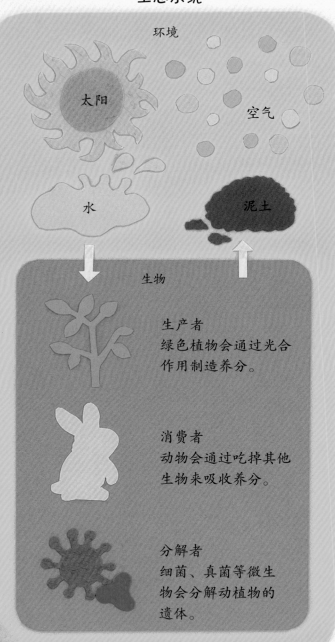

环境

太阳

空气

水

泥土

生物

生产者
绿色植物会通过光合作用制造养分。

消费者
动物会通过吃掉其他生物来吸收养分。

分解者
细菌、真菌等微生物会分解动植物的遗体。

生态系统中的能量传递

能量会通过食物链进行传递。生产者所制造出的能量中，有一部分在呼吸作用等自身生命活动中散失了，而另一部分则会传递到下一个层级。食物链的层级越高，传递的能量就越少。

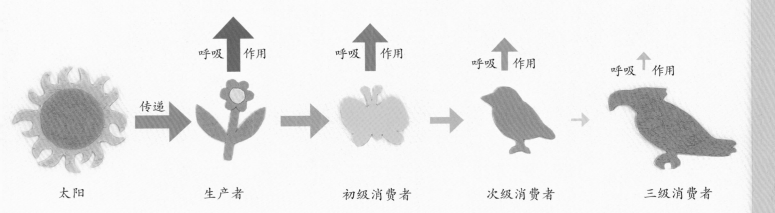

呼吸作用　　　呼吸作用　　　呼吸作用　　　呼吸作用

太阳　　　传递　生产者　　　初级消费者　　　次级消费者　　　三级消费者

能量金字塔

在食物链中，通常被吃掉的生物数量要比进行捕食的生物数量多。食物链层级越高，个体数量就会越少，于是便形成一个金字塔的形状。

三级消费者

次级消费者

初级消费者

生产者

故事中的老虎

　　老虎是生态系统食物链中处于最顶端的消费者。如今，随着老虎彻底失去踪迹，山里的野猪得到了大量繁殖。有时候，野猪还会跑到山下的村子里觅食。这可以说是一个证明生态系统平衡遭到破坏的典型事例。不过，据说很久以前，人们经常能够在山上看到老虎的身影。在记录朝鲜半岛历史的《三国史记》中还有一段记录，讲述老虎闯进王宫大院的事情。

　　在传说故事中，经常会有老虎登场。人们虽然觉得老虎是一种可怕的猛兽，但也认为它是勇猛、神圣的象征。故事中的老虎也有着各种不同的面孔。例如，有时候，老虎会以一种经常被弱小动物欺负的傻傻的形象登场；有时候，会以一个因贪吃而被聪明的小动物捉弄的形象登场；或以懂得知恩图报、拥有正能量的形象登场。总的来说，在人们心中，老虎是一种贪心、愚蠢，却并不狡猾，反而有点儿呆头呆脑的动物。

《鹊虎图》

卡森老师，

听说将来我们有可能会听不到鸟儿的鸣叫声？

我发现人们为杀死害虫而喷洒的杀虫剂，会连我们身边其他珍贵的生命一同夺走。如果继续放任下去，想必即使春天到来，我们也无法再听到鸟儿的叫声了。我一定要把这个可怕的秘密告知世人。

1907 年，蕾切尔·卡森出生于美国，她是一位海洋生物学家。卡森非常喜欢大自然，还有着出色的写作能力。但为了生计，她在渔业管理部门工作。

　　"你想让我写一些有关海洋生物的故事？"

　　"是的，卡森。这里有很多有关海洋生物的资料。我们想把这些内容编得有趣一点儿，再通过广播讲给人们听。"

　　"好。我答应了！"

　　于是，卡森一边工作，一边为电台供稿。她用自己掌握的海洋生物知识编出一本生动有趣的故事书。卡森讲解海洋生物的作品获得了人们的广泛好评。

虽然卡森的主要工作是撰写一些与海洋有关的文章，但她一向很关注杀虫剂的问题。

　　卡森一直认为政府喷洒的杀虫剂太多了。

　　每次在电视上看到飞机飞过田地上空喷洒杀虫剂的场景，她都感到无比担忧："那些杀虫剂安全吗？会不会对生态系统造成危害呢？"

有一天，她收到了一封来自她的老朋友——鸟类学家哈金斯的信。哈金斯在信中告诉她杀虫剂滴滴涕（DDT）正在对大自然造成危害，只是政府一直在回避这一问题。

原来杀虫剂能杀死的不只是害虫呀！

亲爱的蕾切尔·卡森：

　　我在我家的后院里看到了14只死去的小鸟。马萨诸塞州为了清除蚊子，到处喷洒滴滴涕（DDT）。可是这种杀虫剂不仅无法杀死蚊子，还会毒死很多无辜的昆虫和小鸟。

　　我还到其他地区看了一下，发现情况都差不多。但是政府始终表示杀虫剂没有危害！

哈金斯

卡森也很担心这个问题，于是便花费好几年的时间收集了大量与杀虫剂有关的资料。渐渐地，她发现杀虫剂并非无害。"好多杀虫剂都无法被自然分解。如果这些杀虫剂进入动物或人体内会怎么样？"

杀虫剂并没有消失。

卡森不禁联想到杀虫剂等化学物质通过食物链传递给其他生物，并不断堆积在这些生物体内的场景。

"说不定到了最后，害虫会死去，益虫会死去，小鸟们也都会死去。如此一来，即使春天来临，我们也将听不到鸟儿的鸣叫声。"

卡森觉得自己必须做点儿什么。于是，她便决定把自己的想法写在书中，好让更多人能够知道这一可怕的事实。

1962 年，卡森写作的《寂静的春天》一出版，便在整个美国掀起轩然大波。制作杀虫剂的化学公司、喷洒杀虫剂的农业部门，以及在辽阔的土地上耕种的农民全都认为卡森在说谎。

然而越是如此，人们对卡森的作品就越感兴趣。

最终，读过卡森作品的人渐渐明白了滴滴涕的危害性。

最终，美国总统肯尼迪采取了行动。他成立调查委员会，让专家调查杀虫剂的用量和存在的隐患。于是，杀虫剂的隐患一一被揭露。

"我们对一些不能产卵的鸟做了调查，发现它们体内累积着大量的滴滴涕。"

"自从喷洒了杀虫剂后，帮助花朵授粉的蜜蜂等昆虫也消失不见了。另外，捕食害虫的蜘蛛也会被毒死。"

"由于能量会随着食物链层层传递，所以杀虫剂的含量也在不断积累。最终，它将危害到人类。"

最终，调查委员会得出的结论与卡森的观点一致。

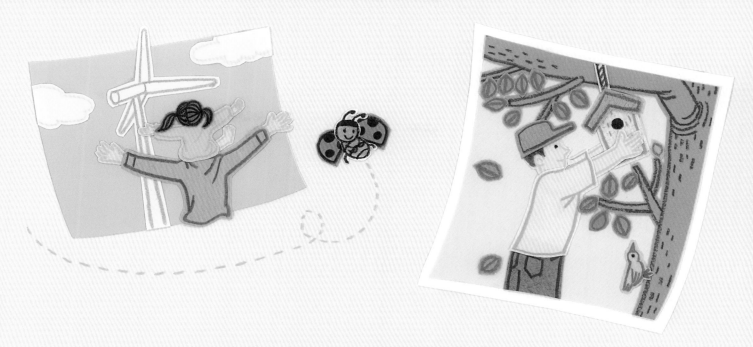

　　1972 年，美国正式宣布禁止使用滴滴涕，而这项决定很快就影响到了全世界。意识到杀虫剂隐患的严重性后，世界各国立即出台很多限制杀虫剂使用的规章制度和法律。

　　除了杀虫剂带来的污染，人们还开始关注水污染和大气污染等各种环境污染问题。

　　卡森所描绘的"未来没有鸟叫声的暗淡春天"，对世界环境保护运动做出了巨大贡献。

环境污染

杀虫剂等化学物质，以及各种交通工具和工厂排放的有害物质会污染我们的生活环境。另外，盲目、无节制的资源开发也会导致自然环境遭到破坏。人们排放到环境中的污染物质，终究会经过层层传递，给人类带来巨大的危害。

大气污染

各种人为原因和自然原因让空气遭到污染。污染物质会通过嘴巴和鼻子进入我们的身体。

一氧化碳
二氧化硫
二氧化碳
粉尘

一氧化碳、尼古丁等有害物质

工厂和汽车排放出的气体

人们抽烟时吐出来的烟雾

含铝物质
含硅物质
尘土

一氧化碳

二氧化硫
粉尘

从沙漠中飞来的沙尘暴

山火燃烧时产生的有毒气体

火山喷发时产生的粉尘和有毒气体

水污染

水源污染主要由家庭中排放的生活污水和工厂里排放的工业废水
造成的。那些被污染的水会经过循环，重新返回到人类身边。

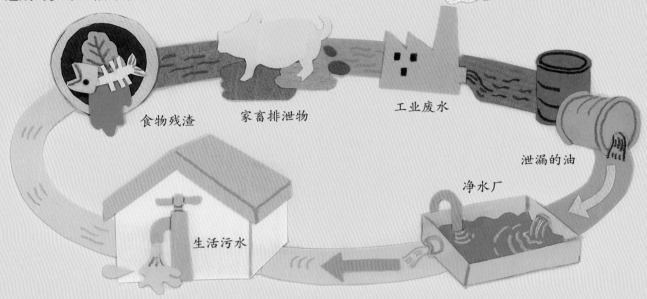

食物残渣　　家畜排泄物　　工业废水　　泄漏的油　　净水厂　　生活污水

土壤污染

人们喷洒在土壤里的化学物质或丢弃的垃圾会在土壤中不断累积。土壤遭
到污染后，污染物质将传递到生长在土壤中的植物上。

农药

塑料瓶　　塑料袋　　废电池　　工业废弃物

从古代一直沿用至今的天然杀虫剂

古时候，人们就已经懂得用一些矿物或植物等作为杀虫剂使用。据了解，为了驱赶害虫，生活在公元前 2500 年的古美索不达米亚人从矿物中提取硫黄喷在农田中。硫黄是一种毒性很强的物质，可以轻易杀死昆虫。在中世纪的西方，人们还将一些含有汞、砷等元素的矿物作为杀虫剂使用。不过，它们与硫黄一样具有很强的毒性，会伤害到人体，所以人们早已舍弃了这种灭虫方法。

除了矿物之外，除虫菊等菊花品种和烟草等植物中也含有可以杀灭或驱赶害虫的物质。在合成杀虫剂发明出来之前，人们往往会从这些植物中提取出令害虫讨厌的物质，再制作成天然杀虫剂使用。

现在，由于合成杀虫剂对环境带来的危害，很多人都选择使用天然杀虫剂。例如，将一些从害虫们厌恶的植物中提取出来的精油，放在害虫会出没的地方，或直接涂抹在身上，就能起到驱赶害虫的作用。此外，在种植农作物时，人们还会利用瓢虫等天敌来灭杀害虫；或把田螺放养在农田中，让它们啃噬杂草等。但是由于合成杀虫剂比自然杀虫剂更便利、更有效，所以很多时候人们依然会选择使用合成杀虫剂。

能作为天然杀虫剂的除虫菊

很多东西虽然无法用肉眼看到，但却是我们生命中不可缺少的，就像位于大气层高处，为我们阻挡紫外线的臭氧层一样。我发现一些原本认为安全的物质，会上升到高空中对臭氧层产生严重的破坏。看来想要维护环境，我们还需要了解更多的知识。

1933 年，保罗·约泽夫·克鲁岑（cén）出生于荷兰，他是一名研究大气的化学家。他的主要研究对象是大气层中的平流层。

平流层是位于对流层上方的大气层，高度在 11～50 千米。克鲁岑发现氧气在抵达高空的平流层后，就会被强烈的阳光分解，从而形成臭氧层。臭氧层主要吸收太阳光中的紫外线。

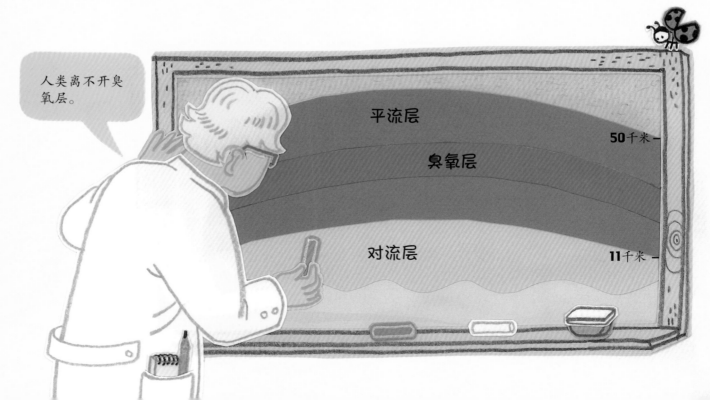

当时，一种叫作"氟利昂"的物质作为降低温度的制冷剂被人们广泛使用，而且非常受欢迎。

"真是一种神奇的物质。它既不会燃烧，也没有毒性。"

"是啊，而且性质稳定，所以能够使用很长时间。"

于是，氟利昂被广泛使用在冰箱、空调、灭火器等设备中。于是，氟利昂便一点点被人们排放到大气中。人们并不觉得这样做有什么问题。克鲁岑感到十分好奇。他很想知道氟利昂会不会在地表被分解，当它们到了高空中会出现什么情况。

1970 年，克鲁岑发现在地表上很难被分解的物质"一氧化二氮"，一旦到了平流层就会迅速被分解，然后破坏臭氧层。

一氧化二氮是人们向土壤施氮肥时，土壤中的细菌向大气中排放的一种物质。

克鲁岑还发现在平流层中飞行的飞机，排出的尾气也会破坏臭氧层。

人类排放出来的物质正在破坏臭氧层。

臭氧层会吸收大部分紫外线。

一氧化二氮和氟利昂上升到平流层就会被分解，并破坏臭氧层。

臭氧层

飞机排放的尾气

氮肥

1974 年，美国大气化学家罗兰和莫利纳发现，人们原本认为很安全的氟利昂也会像一氧化二氮一样，在平流层被分解，破坏臭氧层。

然而，很少有人支持他们的观点。

制造氟利昂的公司和产品中含有氟利昂的公司，更是反对他们的说法。

一旦臭氧层遭到破坏，紫外线就会直接照射大地。

臭氧层

氟利昂也不例外，即便是很少的量，也会对臭氧层造成巨大的破坏。

灭火器

喷雾

空调制冷剂

冰箱制冷剂

到了 1985 年，科学家们在南极考察时，发现南极大陆的臭氧层上出现了一个巨大的空洞。

科学家们立即对过去的资料进行调查，发现其实从 1976 年开始臭氧空洞就已经存在了。

这件事情给全世界带来了极大的冲击。

1987 年，联合国立即召开会议，签订有关不再使用氟利昂的条约。这份条约就是众所周知的《蒙特利尔议定书》。

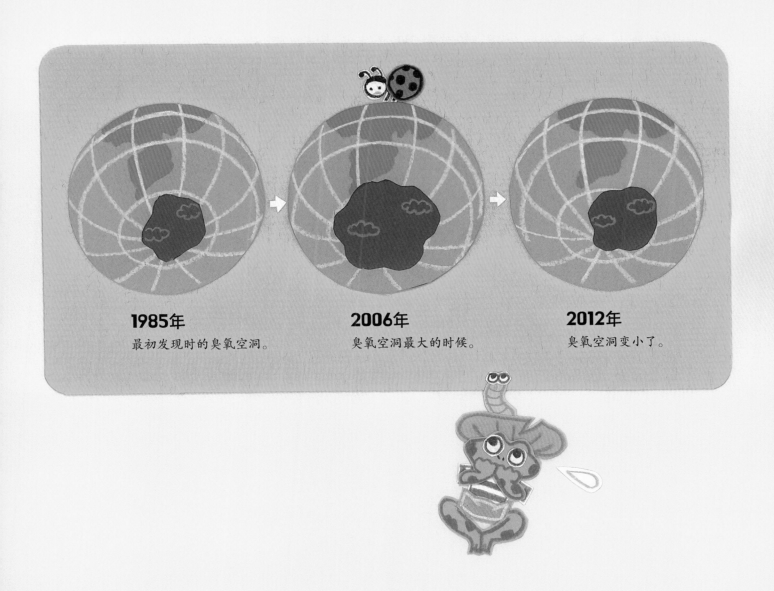

1985年
最初发现时的臭氧空洞。

2006年
臭氧空洞最大的时候。

2012年
臭氧空洞变小了。

　　或许，是全世界的人们为了减少氟利昂的使用而付出努力的缘故，一直通过人造卫星对臭氧空洞进行观察的美国航空航天局于 2015 年预测，臭氧空洞可能会在 21 世纪末完全消失。这个事件告诉我们，人类为了保护环境进行的合作和做出的努力是多么重要、多么有价值。

臭氧层

什么是臭氧？

臭氧分子由三个氧原子构成，是一种散发着刺激性气味的淡蓝色气体。它经常被作为杀菌剂和漂白剂使用，会对人的呼吸器官产生危害。

大气中的氧气上升到位于高空的平流层后，就会被强烈的紫外线分解，从而变成臭氧。臭氧层是臭氧在平流层中的聚集区域，距离地面 20~30 千米高。臭氧层可以吸收太阳光线中的紫外线，从而减少照在大地上的紫外线。

氧　　　　氧

氧

虽然位于平流层的臭氧对人类有益，但是如果地表的臭氧浓度过高就会对人体产生危害。

平流层

平流层的臭氧

减少对人体有害的紫外线。

地表附近的臭氧

汽车的尾气和阳光发生反应产生大量臭氧。这些臭氧会对人的气管和眼睛造成刺激，引发各种疾病。

地表

臭氧层被破坏后引发的危害

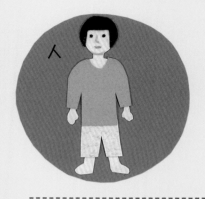 人

眼睛遭到损伤。

容易被阳光晒伤，皮肤癌患者增多。

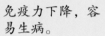 免疫细胞
免疫力下降，容易生病。

 环境

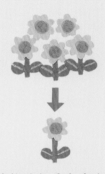
植物的数量会减少。

水中的浮游生物会减少。

建筑物的腐蚀和老化速度加快。

破坏臭氧层的物质

破坏臭氧层的物质中主要含有氯、氟、溴等元素，而且大部分都是由人为因素产生。最典型的破坏物质氟利昂已经被限制使用。

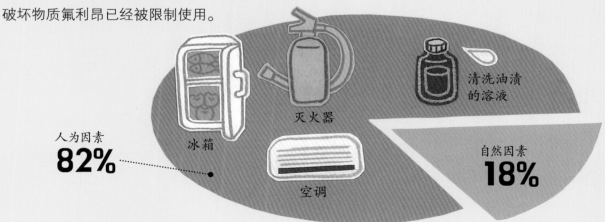

人为因素
82%

冰箱

灭火器

空调

清洗油渍的溶液

自然因素
18%

建立在南极地区的科考站

在发现臭氧空洞的南极大陆上，有各国建立的科考站。中国从 1985 年开始在南极先后建立了长城站、中山站、昆仑站、泰山站和罗斯海新站五个科考站，并展开各种科学调查和研究。人们为什么要在常年被冰雪覆盖的南极建立科考站呢？

南极大陆上没有常住居民，所以未曾直接受到来自人类引发的大气污染、水污染等各种环境污染的影响。在层层堆积起来的冰层中，依然完整地保存着人类引发的环境变化的痕迹。当天空中飘落的雪花一层层堆积，再慢慢被压缩成冰块时，原本空气中包含的污染物质也会原封不动地被冰封在里面。因此，科学家们会在冰层中打洞，然后挖出冰柱展开研究。通过对那些冰柱的研究，我们可以得知地球环境在过去的数万年或数百万年来是如何演变的。

在南极大陆上，科学家们不仅可以研究环境变化，还可以研究地质变化、海洋、宇宙、生物等项目。当然，观察帅气的帝企鹅也是其中之一。

在南极研究地球环境变化的科考站

我们所生活的
环境会变得
越来越好吗?

事实上，人们真正开始对环境领域进行研究的时间非常短。
随着人类破坏环境，造成的危害都几乎原封不动地反馈到人类身
上，科学家们才意识到问题的严重性，开始为解决环境问题展开
积极的研究。然而，每当他们认为快要解决一个问题时，又会有
新的问题出现在他们面前。总之，想要完全解决环境问题并不是
一件容易的事情。

📖 1935年
"生态系统"概念登场

斯坦利最先使用"生态系统"这一词。他建议把某个地区的生物和生物赖以生存的环境结合起来命名为"生态系统"。

📖 1942年
公布生态系统的能源传递过程

林德曼研究能量和物质在生态系统中的传递过程，他发现生态系统其实非常活跃。

📖 1962年
《寂静的春天》出版

卡森在书中对杀虫剂将会带来的暗淡未来进行描述，引发了人们对杀虫剂的警惕。这也是人们开始关注环境运动的契机。

📖 标记的部分是正文中出现的内容。

1970年

发现破坏臭氧层的物质

克鲁岑发现，原本在地表不会被分解的一氧化二氮在上升到平流层后会严重破坏臭氧层。

1974年

发现氟利昂的危害性

罗兰和莫利纳发现氟利昂在上升到平流层后会破坏臭氧层。即使是少量的氟利昂，也会对臭氧层造成巨大的破坏。

现在

人们正在研究城市生态学。生态学家们认为，生长在空地或绿化带周边等小块土地上的植物会起到保护生物多样性的作用。因此，他们认为如果能够在这些零散的小块土地上种植树木和草坪，将其打造成楼间公园，植物们就会组成一张"联系网"，从而形成一个无数动物不断来往的小型生态系统。

图字：01-2019-6047

图书在版编目（CIP）数据

环境的故事 /（韩）李韩音文；（韩）郑荷真绘；千太阳译 . —北京：东方出版社，2020.7
（哇，科学有故事！第一辑，生命·地球·宇宙）
ISBN 978-7-5207-1481-5

Ⅰ . ①环… Ⅱ . ①李… ②郑… ③千… Ⅲ . ①环境科学—青少年读物 Ⅳ . ① X-49

中国版本图书馆 CIP 数据核字（2020）第 038686 号

哇，科学有故事！地球篇·环境的故事
（WA，KEXUE YOU GUSHI! DIQIUPIAN · HUANJING DE GUSHI）

作　　者：［韩］李韩音 / 文　　［韩］郑荷真 / 绘
译　　者：千太阳

策划编辑：鲁艳芳　杨朝霞
责任编辑：杨朝霞　金　琪
出　　版：东方出版社
发　　行：人民东方出版传媒有限公司
地　　址：北京市西城区北三环中路6号
邮　　编：100120
印　　刷：北京彩和坊印刷有限公司
版　　次：2020年7月第1版
印　　次：2020年7月北京第1次印刷　　2021年9月北京第4次印刷
开　　本：820毫米×950毫米　1/12
印　　张：4
字　　数：20千字
书　　号：ISBN 978-7-5207-1481-5
定　　价：398.00元（全14册）
发行电话：（010）85924663　85924644　85924641

文字　[韩]李韩音

　　毕业于首尔大学生物学专业。撰写的小说《解剖的目的》入选1996年京乡新闻新春文艺奖。从那以后，成为一名专门创作科学领域作品的作家。主要作品有《拯救危机的地球穹顶》《时间机器和略懂科学的机器人》《生命的魔法师：基因》，主要译作有《地球的告白》《达尔文的进化实验室》《信息图表设计学习百科》等。

插图　[韩]郑荷真

　　毕业于弘益大学绘画专业。喜欢画一些有故事情节的画，最喜欢画森林。擅长用彩纸和彩色铅笔制作拼贴画，能给书中的每一个场景带来一些不同的变化。主要作品有《坐着什么去呢》《火腿公主和可乐王子》《第十一位妈妈》《与清洁工霉一起旅行》等。

哇，科学有故事！（全 33 册）

扫一扫
看视频，学科学